A BRIEF HISTORY OF THE UNIVERSE FOR CHILDREN

宇宙简史

少年简读版 ①

庞之浩 ◉ 主 编

青岛出版集团 | 青岛出版社

图书在版编目（CIP）数据

宇宙简史 : 少年简读版 . 1 / 庞之浩主编 . —青岛 : 青岛出版社 , 2024.1
ISBN 978-7-5736-1558-9

Ⅰ . ①宇… Ⅱ . ①庞… Ⅲ . ①宇宙—少年读物 Ⅳ . ① P159-49

中国国家版本馆 CIP 数据核字 (2023) 第 201090 号

YUZHOU JIANSHI （SHAONIAN JIANDU BAN）

书　　　名	**宇宙简史**（少年简读版）
主　　　编	庞之浩
出 版 发 行	青岛出版社（青岛市崂山区海尔路 182 号）
本 社 网 址	http://www.qdpub.com
责 任 编 辑	李康康　刘　怿
封 面 设 计	刘　帅
排　　　版	青岛艺鑫制版印刷有限公司
印　　　刷	青岛新华印刷有限公司
出 版 日 期	2024 年 1 月第 1 版　2024 年 1 月第 1 次印刷
开　　　本	16 开（889mm×1194mm）
印　　　张	20
字　　　数	400 千
书　　　号	ISBN 978-7-5736-1558-9
审 图 号	GS 鲁（2023）0398 号
定　　　价	136.00 元（全四册）

编校印装质量、盗版监督服务电话　4006532017　0532-68068050

前 言
PREFACE

古人观察日月星辰，提出了很多关于宇宙的问题，例如：星星为什么会闪烁？月亮为什么会有圆缺？太阳为什么东升西落？

我们仰望夜空，看到银河泛着白色微光，流星划过天际。也许你还没来得及许愿，各种问题就已经在脑海中浮现：银河是怎样形成的？彗星距离我们有多远？

假如我们有一双神奇的眼睛，可以向深空眺望，从地球到月球，再穿越太阳系、银河系，抵达宇宙深处，掠过其他星系，与黑洞擦身而过，与暗物质相伴，一直延伸到更远的地方，我们就会发现宇宙的浩瀚无垠。我们所知道的太阳、月亮，我们曾经无数次听过的金星、水星和木星以及我们目光所及的几百颗恒星，只是宇宙的一部分。

"宇宙原是个无穷的有限，人类恰好是现实的虚空。"几千年来，我们从未停止过对宇宙的探索。我们所在的宇宙远比我们期待的更加深邃广阔，也比我们想象的更加绚丽多彩。这本书可以为你指明宇宙探索的路径，它用详尽的图片展示你将要去的地方，用简洁明朗的语言描述探索者一路追寻的景点。

宇宙是很多科学家的挚爱，张衡、托勒密、哥白尼、爱因斯坦、霍金等前赴后继，热情不减。

如果你想成为一名宇宙的观察者，你会怎么做？我想你一定会从地球的近处开始，然后飞向更远的远方，去探索宇宙的秘密。

目 录
CONTENTS

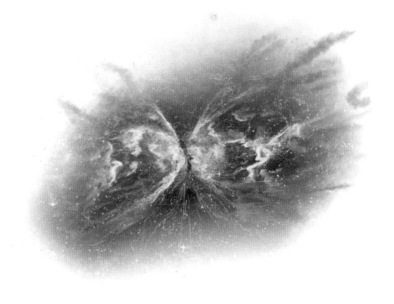

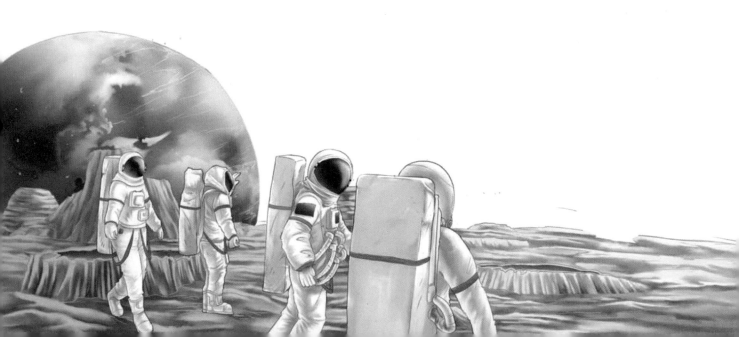

第三章
我们所在的银河系

第一章

探秘宇宙

　　人们在很久以前就意识到：要揭示隐藏在宇宙深处的奥秘，我们需要建立一个系统的知识体系，将已有的发现对号入座后，才能明晰其中的原理、规律和联系。于是，天文学这门研究天体和其他宇宙物质的位置、分布、运动、形态、结构、化学组成、物理性质及其起源和演化的学科逐渐形成了。在这门学科的基础上，我们对宇宙有了最基本的认识，也开始敢于对宇宙未知的一面展开大胆的设想。

宇宙中的基本力

在宇宙中存在 4 种基本力，分别是引力、电磁力、强核力和弱核力。它们之间的相互作用支配着宇宙的运动。现在让我们来分别认识一下这 4 种基本力吧！

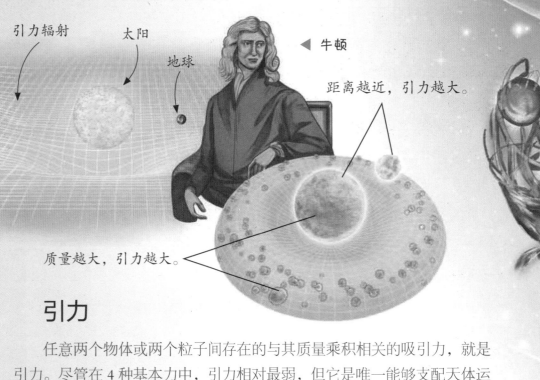

引力辐射　　太阳

地球

◀ 牛顿

距离越近，引力越大。

质量越大，引力越大。

引力

任意两个物体或两个粒子间存在的与其质量乘积相关的吸引力，就是引力。尽管在 4 种基本力中，引力相对最弱，但它是唯一能够支配天体运动的力。月球绕着地球转、地球绕着太阳转，都是受到了引力的影响。而天体产生的引力之所以会形成，是因为天体自身的质量对时空造成了扭曲。一般来说，天体的质量越大，对时空造成的扭曲就越大，产生的引力就越大。

电磁力

电磁力是处于电场、磁场或电磁场中的带电粒子所受到的作用力。在微观世界里，带正电荷的原子核与带负电荷的电子通过电磁力的作用结合在一起，形成了原子。原子构成分子，分子再构成宇宙中的物质。因此，电磁力就像是宇宙中的强力胶，将物质牢牢黏合在一起。如果没有电磁力，物质就会解体，最终导致宇宙分崩离析。

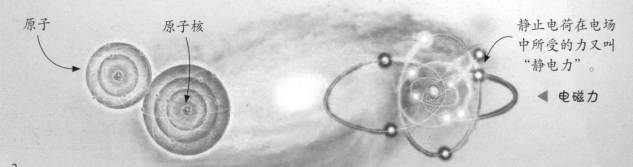

原子　　　原子核

静止电荷在电场中所受的力又叫"静电力"。

◀ 电磁力

质子

中子

强核力就像力量巨大的绑带。

强核力

听名字就知道，强核力在4种基本力中是最强的。有多强呢？这么说吧，我们已经知道原子是由原子核和电子组成的，而原子核是由质子和中子组成的。质子带正电荷，中子不带电荷，根据"同种电荷相斥、异种电荷相吸"的原理，质子和中子是合不到一块儿的。要想将它们组合到一起，就得用强核力把质子和中子紧紧束缚住，才能形成原子核。

弱核力

弱核力是一种引起部分放射性衰变的作用力，同时也是造成不稳定的重离子变为轻粒子的作用力。例如，氢的同位素氚会在弱核力的作用下发生β衰变，能长期辐射出冷光，因此可以制成氚灯用于照明。

密闭玻璃管

◀ 氚灯

其中注入氚气。

把宇宙分层

宇宙是有层级结构的，我们可以把宇宙一层层分开，依次是卫星、行星、恒星和星云、银河系和河外星系、星系团、总星系等。要确定地球在宇宙中的位置，我们需要将其定位为：宇宙—银河系—太阳系—地月系—地球。

行星

我们生活的地球就是一颗行星。在太阳系中，除了地球还有 7 颗行星，它们分别是水星、金星、火星、木星、土星、天王星、海王星。除了这八大行星，太阳系中还有许多矮行星、小行星、卫星、流星和彗星等。这些天体加在一起，共同构成了我们所在的太阳系。

不规则星系外形不规则，没有明显的核球或旋臂。

椭圆星系

不规则星系

椭圆星系中心亮、边缘暗。

▼ 星云

土星是太阳系八大行星之一。

土星环

◀ 土星

恒星和星云

在晴朗的夜空中，有许多亮晶晶的小星星。这些星星大多是像太阳一样的恒星，它们可以通过核聚变发光发热，而行星则是围绕着恒星转动的。除了恒星，还有一种似云似雾的天体叫作"星云"。星云由稀薄的气体和宇宙尘埃组成，形状极不规则。有多不规则呢？你只要看看猎户星云就知道了。

4

银河系与河外星系

星系是比恒星系统更大的集团。例如，包含了八大行星等众多天体的太阳系，仅仅是银河系中一个渺小的结构。而在全宇宙中，像银河系这样的星系，人类已经观测到的估计至少有 10 亿个。我们把银河系以外的星系统称为"河外星系"。我们用肉眼可以直接看到的仙女座星系、大麦哲伦云星系、小麦哲伦云星系就是河外星系。

▲ 旋涡星系

星系团

比星系更大的结构是星系团。宇宙中成千上万的星系并不是孤立的。它们会与气体和大量暗物质在引力作用下形成一个个庞大的天体系统，即星系团。大的星系团由上千个星系组成，小的星系团由几十个或上百个星系组成。平均而言，一个星系团内大约有 130 个成员星系。

星系团的形状、大小都是不固定的。

宇宙形状之谜

宇宙是什么形状的？这个自古就有的难题，时至今日也没有定论。有人认为宇宙是球形的，也有人认为是马鞍形的，还有人认为是平面的。究竟哪个是正确答案，还有待验证。

闭合宇宙没有起点和终点，是一个完美的球体。

形状假想

科学家们认为：宇宙的形状取决于宇宙中物质的密度。科学界始终无法对宇宙形状达成共识，大家各有各的看法，且很难自圆其说。主流观点分为 3 类：平坦宇宙、开放宇宙和闭合宇宙。人类从未停止过探索，也许有一天我们能准确探知到宇宙的形状。

开放宇宙就像一个马鞍形的双曲面，一直向外膨胀。

平坦宇宙的形状是平坦和无限的。

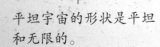

▲ 3种可能的宇宙形状

一个标准

由于直接观测宇宙的形状目前是不可能的，因此科学家提出了一个衡量宇宙结构的标准：在宇宙中，如果两束平行光线越来越近，那么宇宙的结构是球形的；如果两束平行光线越来越远，那么宇宙的结构是马鞍形的；如果两束平行光线永远平行，那么宇宙的结构则是平坦的。

形状各异的宇宙

霍金和他的研究团队以物理学中的弦理论为依据，认为宇宙的形状可能是某种令人难以置信的几何图形，类似于荷兰画家埃舍尔的画作《圆形极限IV》。虽然这幅画作是平面的，但它实际上展现了双曲空间的投影。另外，有的科学家认为宇宙的形状像甜甜圈或者克莱因瓶。虽然猜测各异，但大多数科学家都倾向于"宇宙有限而无边"的观点。

▲ 《圆形极限IV》

▶ 甜甜圈形

克莱因瓶是四维空间的产物，是人类寻找四维空间的"钥匙"。

瓶颈不断延长，扭曲地进入瓶子内部，最后与瓶底的洞相连接。

◀ 克莱因瓶形

克莱因瓶相当于一个无限循环的想象空间，不存在边界。因此，全世界的水都无法将它装满。

宇宙的年龄

我们人类计算年龄的方式是从出生到现在。根据宇宙大爆炸理论，宇宙是在奇点大爆炸的那一刻诞生的，因此它的年龄应该从那时开始计算。如果这么计算的话，宇宙的年龄大约为 138.2 亿年。

最终答案

美国国家航空航天局在 2013 年通过威尔金森微波各向异性探测器的观测结果得出的宇宙年龄为 137.7 亿年。然而，各项技术得出的哈勃常数值不同，一般估计宇宙的年龄在 120 亿到 145 亿年之间。目前公认更准确的数字为 138.2 亿年。

哈勃是星系天文学的奠基人和提供宇宙膨胀实例证据的第一人。

测定方法

宇宙的年龄能被计算出来，这要感谢美国天文学家爱德文·鲍威尔·哈勃。1929 年，哈勃提出了哈勃定律，认为河外星系的视向退行速度与距离成正比，意思就是说河外星系距离我们越远，其视向退行速度就越快。在哈勃定律中有一个常数值，也就是宇宙的膨胀速率。天文学家只要计算出哈勃常数，就可以根据河外星系的视向退行速度以及该星系与银河系之间的距离，估算出宇宙的年龄。

小百科

视向退行速度指的是物体朝视线方向退行的速度。

科学家们在计算哈勃常数

宇宙微波背景辐射

1948 年，物理学家伽莫夫提出：宇宙大爆炸后残留的热辐射会以微波的形式到达地球。到了 1964 年，美国科学家彭齐亚斯和威尔逊为了改进卫星通信，建立了一个灵敏度很高的号角式接收天线系统，换句话说，就是一个巨大的老式收音机。就是这个"大收音机"接收到的噪声，让他们意外地证明了宇宙微波背景辐射真实存在，进而为宇宙大爆炸学说增添了有力的证据。

宇宙微波背景辐射来自宇宙刚刚诞生的时期。

▲ 宇宙微波背景辐射图

宇宙微波背景辐射是宇宙大爆炸留下的余晖产生的，大概产生于大爆炸后的38万年。经过漫长的时间和距离后，它变成了微波，最终抵达地球。

电线有6米高。

低噪声喇叭形反射天线

▲ 号角式的高灵敏度天线系统

宇宙诞生的起点

人们通常认为宇宙诞生于一次大爆炸中，与此同时，科学家也提出了另一个问题：在宇宙大爆炸之前发生了什么？这就好比是"先有鸡还是先有蛋"的问题。对此，有科学家认为：宇宙大爆炸发生了不止一次，宇宙一直在经历着"生死轮回"。138.2 亿年前的大爆炸并不是宇宙诞生的绝对起点，而是宇宙的又一次重生。

宇宙大爆炸后不断膨胀，经过亿万年的演变，星系形成。

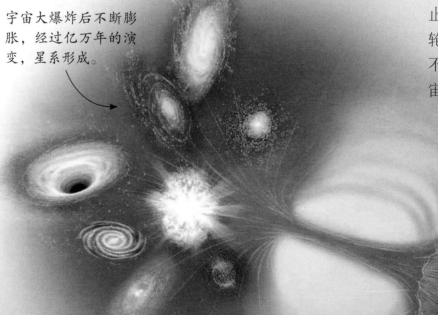

▲ 宇宙大爆炸

宇宙大爆炸

宇宙大爆炸理论，也被称为"大爆炸宇宙论"，是目前关于宇宙形成的最有影响力的理论之一。实际上，这个理论自创立之初就一直受到人们的质疑。然而，相比于其他理论，大爆炸宇宙论有大量精确的天文观测数据作为支持，所以在学术界得到了广泛的认同。

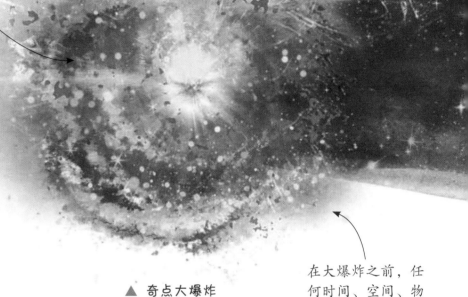

奇点温度无限高，密度无限大，体积无限小。

起点——奇点

最初，所有物质都集中在一个点上，这个点的温度无限高，密度无限大，体积无限小，我们称之为"奇点"。某一刻，奇点发生了爆炸，宇宙初步形成。随着宇宙的膨胀和冷却，经过漫长而复杂的演化过程，星系团、星系等天体结构先后诞生，逐渐形成了现今的宇宙形态。

▲ 奇点大爆炸

在大爆炸之前，任何时间、空间、物质等都不存在。

爱因斯坦被美国《时代周刊》评选为"世纪伟人"。

▼ 爱因斯坦

宇宙模型

美籍犹太裔物理学家

爱因斯坦的坚持

在大爆炸宇宙论出现以前，大多数科学家认为宇宙是静态的、不变的，其中就包括现代宇宙学的奠基人——爱因斯坦。1917年，爱因斯坦提出了静态宇宙模型，主张宇宙体积有限而无边界，静态而弯曲，既不会扩张也不会缩小。为了维护自己的这一主张，爱因斯坦提出了"宇宙常数"这个变量，以抵消引力在宇宙中的作用，尽管他的广义相对论已经证明事实并非如此。

宇宙仍然在无限地膨胀。

▼ 宇宙膨胀

各个天体之间的距离越来越远。

宇宙常数

1929 年，美国天文学家哈勃观测到了星系红移现象，从而发现宇宙的大小并不是固定的，而是一直在膨胀。这就意味着在多少亿年以前的某一刻，所有的物质都聚集在同一地方。当爱因斯坦确认这个发现属实后，他最终承认宇宙常数是他犯的一个巨大错误。然而，随着天文学的发展，科学家们发现：原本为证明"平直宇宙"而提出的宇宙常数，似乎在"膨胀宇宙"中也扮演着关键角色。

▼ 哈勃

哈勃提供了宇宙膨胀的证据，被称为"星系天文学之父"。

大爆炸宇宙论的演进

哈勃的"宇宙膨胀学说"为大爆炸宇宙论的出现打下了基础。1932 年，比利时天文学家勒梅特首次提出了宇宙大爆炸理论，认为宇宙开始于一个极端稠密、温度极高的原始状态。1948 年，美籍俄裔科学家伽莫夫又提出了热大爆炸理论，认为宇宙早期是由微观粒子构成的均匀气体，高温高密，随着宇宙的膨胀和降温，这些物质演化出了构造宇宙的所有物质。

微波背景辐射的发现

大爆炸宇宙论认为：大约在发生大爆炸 38 万年后，形成了宇宙微波背景辐射。这种残留的热辐射至今仍然存在于宇宙中。很久以前，它只存在于科学家的假想中。直到 1964 年，彭齐亚斯和威尔逊进行了一项与天文学毫不相关的研究，才偶然发现了它。

小百科

K 即"开氏度"，是热力学中的温度单位，由"热力学之父"威廉·汤姆森（开尔文勋爵）创造。在热力学中，最低温度就是绝对零度 0 K，约等于零下 273.15℃。

迪克是普林斯顿大学天文系的教授。

▶ 罗伯特·迪克

艰难的开始

1940 年，美国科学家罗伯特·迪克和他的团队使用战争时军方所用的雷达技术改进的仪器，在微波厘米波频段研究太空，搜寻低温辐射的蛛丝马迹。他们发现了温度低于 20 K 的辐射，并将结果公布于世。

错过

迪克发现的天空背景辐射正是宇宙微波背景辐射。但是，当时伽莫夫的大爆炸理论并没有引起天文学界和物理学界的重视，所以人们没有将二者联系起来。直到后来出现精度更高的射电望远镜，人们才逐渐意识到二者之间的关系。

彭齐亚斯和威尔逊用它来研究不同天体辐射出来的电磁波。

后知后觉

多年后，迪克根据振荡宇宙理论，提出了宇宙是反复膨胀和收缩的观点。在这个过程中，宇宙会遗留下可观测的背景辐射。他的团队经过观测发现：宇宙中充满着一种温度为 10K 的背景辐射。迪克很快意识到：这与自己多年前的发现有密切联系。为此，他与学生研制了新的射电望远镜。然而，遗憾的是：有人已经在他之前发现了宇宙微波背景辐射。

▲ 迪克与伙伴们发现了背景辐射

发现

1965 年，彭齐亚斯和威尔逊在实验室为一个回声卫星调试反射天线。为了确定背景噪声，他们需要测定天线指向天顶时的天空亮度，而天线测到的亮度通常用温度来表示。他们二人测到的温度是 6.7K，这比预估的温度多了 3.5K。在与迪克沟通讨论后，他们最终证实了宇宙微波背景辐射的存在。

▼ 发现宇宙微波背景辐射的喇叭天线

天线被建在新泽西州的克劳福德山上。

关键角色——星际物质

大爆炸后，宇宙最终形成了天体，这是一个极其漫长的过程。此外，宇宙还形成了各种各样的星际物质。这些星际物质在宇宙中扮演着重要角色，它们是恒星形成的关键因素。

星际物质的组成

我们将星系内恒星之间的物质和辐射场统称为"星际物质"。具体来说，星际物质包括星际气体、星际尘埃和星际云。从更广泛的角度来看，星际磁场和宇宙线也属于星际物质。在咱们银河系内，星际物质分布得很不均匀。如果星际气体和尘埃在某片区域聚集得很多，就会形成星际云。像太阳这样的恒星，就是在星际物质密度较高的星际分子云中形成的。

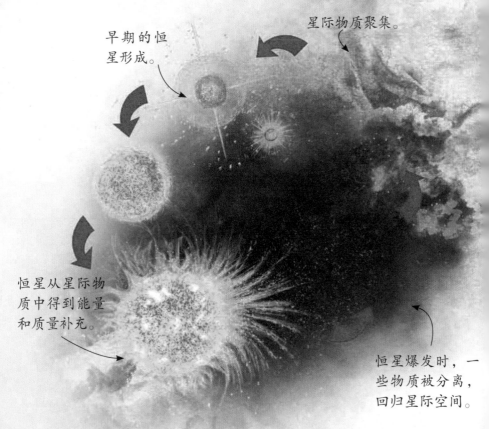

早期的恒星形成。

星际物质聚集。

恒星从星际物质中得到能量和质量补充。

恒星爆发时，一些物质被分离，回归星际空间。

▲ 星际物质与恒星

星际物质与恒星

星际物质与恒星之间的关系十分密切，它们相互影响、相互作用。最初，恒星是由星际物质在星际云中聚集形成的，并从星际物质中获取能量和物质补充。然后，恒星会以爆发、抛射或流失等方式将物质还给星际空间。

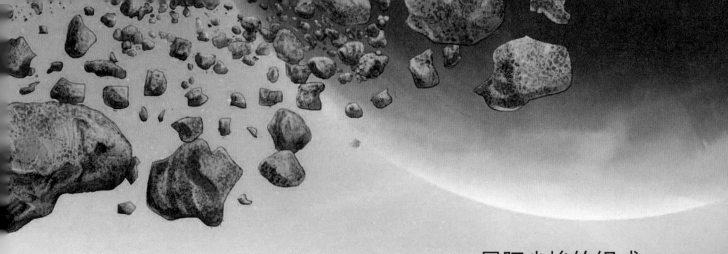

星际尘埃的组成

在长期的观测中，我们已经发现星际尘埃是由碳化物、氧化物等成分构成的固态物质，包括冰状物、矿物、石墨晶粒以及这 3 种物质的混合物。构成星际气体的成分主要是氢和氦，这两种元素也是构成恒星的主要成分。

冰物质 　矿物 　石墨晶粒

各式各样的星云

当星际尘埃与星际气体因引力的作用聚集到一起时，就会形成云雾般的星际云，简称"星云"。按照形态，星云主要可以分为弥漫星云、行星状星云、超新星遗迹 3 类。弥漫星云有着各种形状；行星状星云则像一个烟圈，中央都有一颗明亮的恒星；超新星遗迹由超新星爆发后形成，例如蟹状星云。

▼ 双极星云

形状如同蝴蝶的翅膀。

中心有两颗恒星。

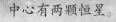

暗物质与暗能量

暗物质和暗能量是两种神秘的存在。理论上，它们真实存在于宇宙中，但现实中，我们却无法探测到它们。我们至今仍不清楚暗物质和暗能量究竟是什么以及如何运转。但不可否认的是：暗物质与暗能量对宇宙的未来有着深远而重大的影响。

暗物质的发现者

▼ 宇宙纤维状结构

宇宙网中最大的和最显著的成团结构之一。

▲ 弗里茨·兹威基

暗物质存在的证据

虽然我们用尽各种方法都无法探测到暗物质，但天文学家们已经找出许多证据证明了暗物质在宇宙中大量存在。例如，最初提出"暗物质"概念的瑞士天文学家弗里茨·兹威基发现：大型星系团如果没有极高的质量，便无法束缚住其中高速运行的星系。因此，他推测星系团中应该有大量的暗物质，它们的质量比星系重得多，所以可以帮星系团拉住星系。

▼ 暗能量正在驱动着宇宙不断膨胀

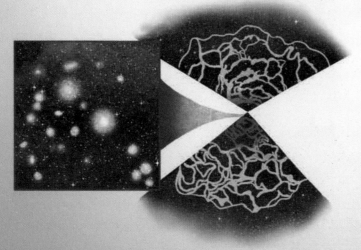

暗物质

山川、草木、云海、星河……一切我们可以观测到的物质其实仅占全宇宙的 4% 左右。光凭这些普通物质的力量，是没办法形成星系这样复杂的天体系统的。因此，天文学家认为：宇宙中应该存在一种隐秘的、像胶水似的物质，维系着星系和星系团的结构。这种物质一直以晦暗的姿态隐藏在宇宙中，既不能发光，也不能反射光。因此，天文学家称其为"暗物质"。

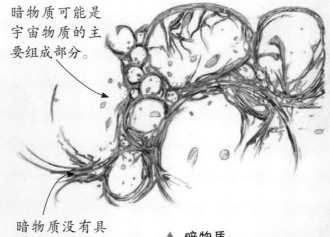

暗物质可能是宇宙物质的主要组成部分。

暗物质没有具体的形状。

▲ 暗物质

暗能量

我们的宇宙一直在膨胀，按理来说，宇宙的膨胀速度应该在万有引力的作用下逐渐变慢。然而，天文观测却显示宇宙一直在加速膨胀。这就表明：有一种我们无法直接探测到的特殊能量在推动宇宙天体的互相远离速度不断加快。这种能量和暗物质一样，也不会辐射、反射和吸收光，因此被称为"暗能量"。

▼ 暗能量驱动宇宙崩碎

暗能量加速着宇宙膨胀。

科学家猜测：宇宙将在几十亿年后开始缓慢地撕裂，在约200亿年时间里将逐渐走向消亡。

被暗能量掌控的宇宙终结

有人猜测暗能量是宇宙空间的一种特性，也有人猜测暗能量是某种短暂存在的粒子的能量。然而，这些猜测都不能作为确定答案，我们对暗能量的真实面目一无所知。许多科学家认为：如果暗能量存在，那么宇宙在未来的某一时刻就会因暗能量催动的膨胀而撕裂，到那时，宇宙中的万物都会被扯成碎片，随着时间的流逝而不复存在。

宇宙的膨胀

1929 年，哈勃发现大多数星系谱线的红移与距离大致成正比，因此得出了"宇宙正在膨胀"的结论。这一观测证据使宇宙膨胀学说受到了广泛的支持和认可。然而，由于人类目前可观测到的太空有限，宇宙膨胀学说的正确性仍需进一步验证。

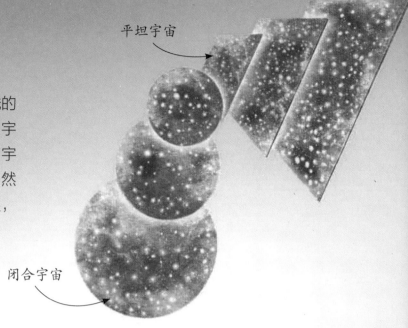

平坦宇宙

闭合宇宙

宇宙密度

根据宇宙大爆炸理论，在大爆炸发生的同时，有两种力随着宇宙中的物质一起产生。一种是引力，它拉扯着天体不断靠近；另一种是斥力，它使天体彼此远离。理论上讲，宇宙最终是在斥力的作用下膨胀，还是在引力的作用下收缩，都取决于宇宙密度的大小。

像气球一样膨胀

假设有一个气球，上面画着许多分布均匀的可爱小花。当我们将这个气球吹到膨胀起来时，就会发现气球顶部的小花分散得很快，而靠近吹气位置的小花分散得较慢。宇宙的膨胀就像这个气球，星系则是气球上的小花，随着宇宙的不断膨胀，距离我们越远的星系，远离我们的速度越快。

开放宇宙与闭合宇宙

理论上，宇宙的密度存在一个临界值。如果宇宙的实际密度小于临界密度，那么引力就不足以阻止宇宙的膨胀，宇宙会永远膨胀下去，这被称为"开放宇宙"；如果宇宙的实际密度大于临界密度，那么就有足够的引力来终止膨胀，宇宙在停止膨胀的同时开始收缩，星系将停止退行并相互接近，宇宙将经历反向大爆炸，这被称为"闭合宇宙"。

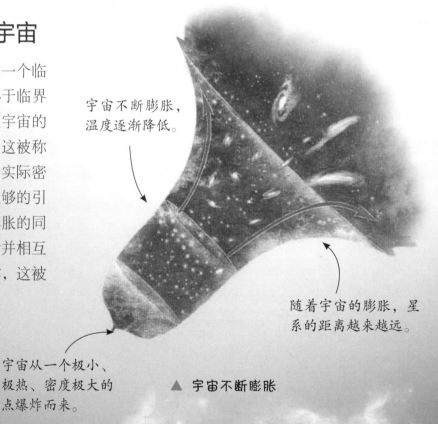

宇宙不断膨胀，温度逐渐降低。

随着宇宙的膨胀，星系的距离越来越远。

宇宙从一个极小、极热、密度极大的点爆炸而来。

▲ 宇宙不断膨胀

云雾状天体

气体、尘埃和其
他物质聚集。

加速膨胀

2011 年，科学家布莱恩·施密特和他的同事通过研
究 Ia 型超新星，发现我们的宇宙正在加速膨胀。研究人
员计算出目前的宇宙膨胀速度约为 73.5 千米 /（秒·百万
秒差距）。每百万秒差距相当于 326 万光年。因此，一
个星系与地球的距离每增加百万秒差距，其远离地球的
速度每秒就增加约 73.5 千米。

星云是由尘埃、氢、
氦和其他电离气体聚
集的星际云。

▲ 星云

平行宇宙论

平行宇宙论认为：在我们的宇宙之外，很可能还存在其他的宇宙。这些宇宙可能是从我们的宇宙中分离出来的，也可能是我们的宇宙是从它们中的某个宇宙中分离出来的。但不论是谁分离出来了谁，可以肯定的是：这些宇宙平行存在，既相似又不同。

一个"你"在休息。

另一个宇宙，另一个"你"

20 世纪 50 年代，物理学家休·埃弗雷特从量子力学出发，提出了"平行宇宙理论"。这个理论认为：我们生活的宇宙之外还有其他宇宙，这些宇宙中也有银河系、太阳系，甚至可能还有地球。在那颗地球上生活着另一个"你"，两个"你"可能有着相同的人生经历，但未来无法预测，也许在下一秒你想去睡觉，而平行宇宙中的"你"想出去玩。

▲ 两个不同的"世界"

存在的证据

平行宇宙听上去很怪诞，但仍有许多科学家想要证明它的存在。他们认为：我们所在的宇宙会与另一个平行宇宙发生碰撞，而碰撞后留下的痕迹就藏在宇宙微波背景辐射中。如果能发现这种痕迹，就意味着存在平行宇宙。英国有位天文学家声称自己在宇宙微波背景辐射图中发现了 4 个由宇宙碰撞形成的圆形痕迹，这表明我们的宇宙可能至少曾有 4 次与其他宇宙相遇。

一个"你"在喝水。

理论的未来

　　当然，并不是所有科学家都认为平行宇宙真实存在。许多人认为平行宇宙的概念太过离奇，理论上存在很多漏洞。但是，无论真假，平行宇宙都是一个值得我们去研究的话题。随着宇宙探测技术的进步，我们可能会发现更多的诸如宇宙微波背景辐射异常的痕迹，从而最终解开这个谜团。

有人认为：人的每一次选择都会使宇宙复制出"平行世界"。

一个"你"在运动。

宇宙的结局

我们已经知道了宇宙的年龄，那么，宇宙会不会像人类一样，也有寿命终结的一天呢？相对于人类数十载的寿命来说，宇宙似乎是永恒存在的。但科学家根据现有的理论进行推测，发现宇宙终将也会迎来毁灭。

宇宙中的物质碎裂。

▼ 进入大坍缩状态的宇宙

宇宙中所有的东西都被压缩到一起。

大冻结

在我们的生活中，几乎所有的事物都依赖于某种温差而存在。如果有一天宇宙耗尽了自己的能量，那么宇宙中任何区域的任何事物都将处于同一温度。到那时，没有了温差，所有的活动都将停止，恒星将会死亡，宇宙将陷入一片死寂，进入大冻结状态。

◀ 进入大冻结状态的恒星

恒星、行星、黑洞将会在漫长的时间里消逝。

大坍缩

　　我们之前说过，宇宙最终是无限膨胀还是收缩，取决于宇宙中物质密度的大小。根据万有引力定律，宇宙中物质的数量会直接影响引力的大小，而引力是阻止空间膨胀的力。如果宇宙中物质的数量超过某个临界点，总有一天，强大的引力会让宇宙膨胀停止，然后开始收缩，造成与大爆炸相反的大坍缩。

▼ 进入大撕裂状态的行星

任何物质都会被撕成细小的碎片，碎成基本粒子。

大撕裂

　　膨胀会使宇宙中物质的密度逐渐变小，却影响不了暗能量的密度。暗能量驱动着宇宙的运动，如果宇宙的密度变小，那么宇宙中将产生更多的暗能量来填补因膨胀产生的空间。如果暗能量的密度开始随着宇宙的膨胀而增加，这就好比逼迫一个有心脏病的人跑出刘翔百米赛跑的速度一样，最终导致宇宙的崩溃，出现大撕裂状况。

第二章 恒星与星云

我们用肉眼可以看到的最多的天体就是恒星。银河系中的恒星约有2000亿颗，其中距离我们最近的恒星是太阳。有着"恒星摇篮"之称的星云是一个奇怪的存在，它不但是恒星的死亡之地，也是新恒星的诞生地。

恒星的本性

恒星是由炽热气体组成的，可以自己发光发热的球状或类球状天体。天空中那些发亮的星星，大多数是处于银河系内的恒星。据估计，银河系约有2000亿颗恒星，而整个宇宙中的恒星数量则更多。离我们最近的恒星是太阳，如果没有它，地球上就不会有生命存在。

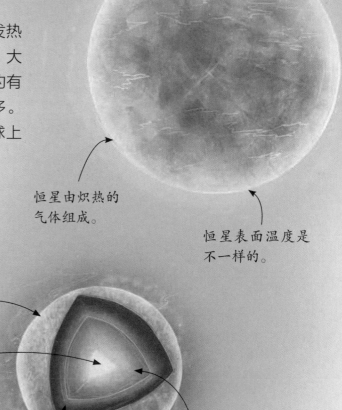

恒星由炽热的气体组成。

恒星表面温度是不一样的。

恒星的结构

天文学家通常认为：部分恒星的最外层是一个温度高、密度低的星冕。星冕以内是色球层，色球层中会产生某些发射线。色球层再往里是光球层，光球层温度高而且相当厚，其中包括对流层。恒星的能量释放主要在对流层进行，而能量的来源，是位于恒星中央的核心。

星冕

核心

色球层

光球层

▲ 恒星的结构

太阳能电池板

▼ 人类对宇宙的探索

长寿与短命

恒星的寿命通常都相当长，可达上百亿年，有的甚至达到134亿年，接近宇宙的年龄。但大质量的恒星，按理说"活"不了这么久。因为恒星的质量越大，其核心的压力也越高，燃烧的速度也越快，所以寿命会相对较短。有些超大质量的恒星，其寿命尚不足100万年。

恒星的直径

恒星的尺寸大小不一，既有直径20多千米的中子星，也有直径长达16亿千米的超巨星。目前测到的体积最大的恒星是盾牌座UY，直径长达23.8亿千米左右；而体积最小的恒星是J0523，其直径只有太阳直径的0.09倍，甚至比身为行星的木星还要小。

恒星的自行

宇宙中的万物都处于不断的运动中，恒星也不例外。由于不同恒星的运动速度和运动方向不同，因此在我们观测者看来，恒星在天空中的相对位置会发生变化。单位时间内恒星在天球切面上走过的距离对观测者所张的角度称自行。在目前已观测到的所有恒星中，巴纳德星是自行最快的恒星，其自行速度已经与太阳相当接近。

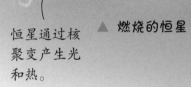

恒星通过核聚变产生光和热。

▲ 燃烧的恒星

外置高增益天线

▲ 飞行器

◀ 哈勃空间望远镜

遮阳板

▲ 巴纳德星

27

恒星的演化

就像人的一生一样，恒星的一生也会经历幼年、青年、中年、老年这4个阶段。当恒星度过漫长的岁月，老到不能再发光发热时，便会迎来生命的终结，最终归于沉寂。

▶ 恒星的演化过程

原恒星云

小质量恒星

红巨星

大质量恒星

红超巨星

幼年期

宇宙中密度很高的星云是恒星的摇篮。当一个星云内的物质足够多时，它们便会"躁动"起来，相互作用，导致星云内部出现致密的核心。当核区的温度升到足以进行聚变反应的时候，幼年的恒星——原恒星就诞生了。

青年期

恒星的青年时期被称为"主序阶段"，这一阶段的恒星被称为"主序星"。其能源供给主要来源于内部发生的核聚变。恒星的主序阶段占据了它一生中90%以上的时间。主序阶段持续时间取决于恒星的质量，质量越大的恒星，主序阶段就越短。我们的太阳目前"正值壮年"。

▼ 原恒星

原恒星的核心不够热，无法进行核聚变。

▼ 主序星

主序星比较稳定，持续地发光和发热。

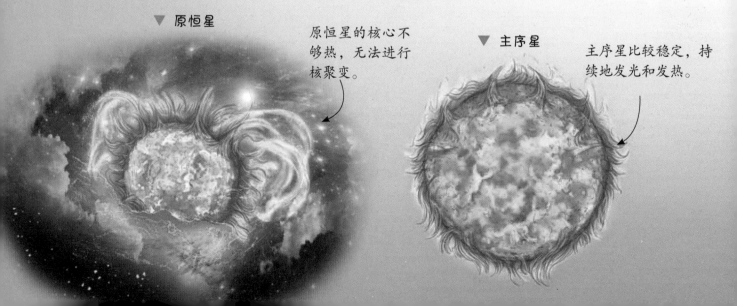

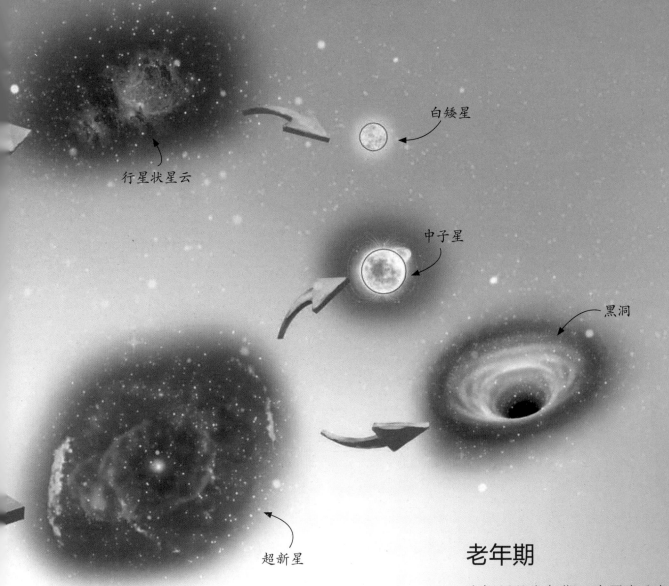

行星状星云

白矮星

中子星

黑洞

超新星

中年期

在主序阶段，恒星内部产生的核聚变反应足以对抗外部的引力收缩，因此主序星能够维持稳定。然而，当内部的燃料耗尽时，这种平衡就会被打破，恒星的外壳开始向内挤压，导致恒星核心的温度迅速升高。当核心温度到达一亿开氏度时，恒星将开始进行氦聚变，重新产生能量来抵抗引力。剧烈的反应导致恒星大幅度膨胀，体积达到主序星阶段的数百倍，这时的恒星称为"红巨星"。

老年期

在恒星的老年期，为了发生氦聚变，恒星需要收缩以产生足够高的温度。如果恒星的质量不够大，那么就达不到氦聚变所需的热能，最后只能靠它的剩余热量发光，成为"白矮星"。如果恒星的质量足够大，在内部核反应的能源耗尽后，恒星将会发生超新星爆发，产生极高的光度。

超新星爆发是恒星生命周期的最后一个阶段。

▼ 超新星爆发

◄ 红巨星

红巨星温度降低了一些，光度很大。

红巨星与白矮星

恒星的演化与恒星的质量密切相关。中小质量恒星会由主序星变成红巨星，然后形成行星状星云，最终变成白矮星；大质量恒星会在经历超新星爆发后，最终变成中子星或黑洞。接下来，我们先来说一说红巨星与白矮星。

▼ 红巨星

红巨星

当一颗主序星过渡到红巨星时，它的生命也就开始了倒计时。因为这时恒星的体积十分巨大，颜色呈现为红色或橙色，并且十分明亮，所以我们称之为"红巨星"。虽然火红的外表使红巨星看上去似乎温度极高，但其实由于恒星外壳不断膨胀，表面温度一直在持续降低，因此红巨星变得越来越冷。

恒星中央的氢已基本燃烧完。

行星状星云

恒星在垂死时，自身的物质会不断向外抛出，这些物质会在恒星外围形成圆形或环形的星云，也就是"行星状星云"。通常，行星状星云会存在1万~3万年。在这期间，行星状星云会继续膨胀，直到气体逐渐消散于宇宙空间。

▼ 行星状星云

具有较规则、较对称的圆盘形状。

温度很高的中心星

直径为0.1光年至几光年

白矮星

白矮星是中等质量恒星的最后阶段，是一种光度低、温度高、通体发白、体积矮小的恒星，故而被称为"白矮星"。白矮星最大的特点是密度高，一立方厘米大小的白矮星物质在地球上的质量能达到 10000 千克。目前人类发现的白矮星有 1000 多颗，它们距离太阳都不太远。理论上认为：白矮星的数量在恒星总数中的占比应该是 10% 左右。

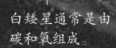

▼ 白矮星

白矮星通常是由碳和氧组成。

从红巨星到白矮星

晚年的恒星由于不断释放能量，质量越来越小。外部的引力收缩没办法控制越来越剧烈的聚变，因此恒星不停地膨胀，形成了体积巨大的红巨星。当红巨星膨胀到一定程度时，其核心的密度和温度又会下降，聚变反应减弱的同时引力重新获得控制，使红巨星开始收缩。这时，恒星外围的物质被抛洒到宇宙中，形成行星状星云；而恒星内部的核心会不断收缩，最终形成白矮星。

白矮星体积很小，但密度极高，属于已知密度最高的天体之一。

新星与超新星

　　新星和超新星之所以被叫作"新星"，是因为最初观测到它们的时候，人们误以为它们是新生的星体。但实际上恰恰相反，它们其实是大质量恒星走到生命末期的必经阶段。在短短几个小时内，它们可以从不可见变得光亮无比，为恒星的落幕献上最后的演出。

新星与超新星

　　新星与超新星都是会发生爆发现象的变星。但不同的是：新星的爆炸较为温和，它会在过程中"偷走"其他伴星的质量，作为燃烧的燃料，当燃料足以重新进行核聚变时，新星就会伴随着光与热出现；而超新星则是刚烈的，它没有足够的热量平衡中心引力，就从中心开始坍缩，然后燃爆自己点亮银河。

爆发的能量

　　新星爆发所释放的能量极其巨大，几百天内能释放掉相当于太阳 10 万年内产生的能量总和。与此同时，新星爆发会产生极高的亮度。迄今为止，人类发现的最亮的超新星 ASASSN — 15lh，其爆发的最高亮度相当于 5000 亿个太阳。但不论新星爆发时有多亮，由于距离遥远，我们在地球上能看到的只是一颗亮度非常高的星星而已。

超新星爆发会释放出大量的能量和物质。

超新星爆发是宇宙中最为重要的能量释放事件之一。

为什么爆发？

像蓝巨星这样的大质量恒星，会在晚年因为引力无法掌控内部愈发剧烈的核聚变而形成红超巨星。这和中小质量恒星的演变过程相似，只是红超巨星比红巨星的体积和质量更大，因而寿命更短。当红超巨星演化到后期，内部核心区的铁-56积攒到一定程度时，就会发生大规模爆发，即"超新星爆发"。

▶ 红超巨星

▼ 超新星爆发

红超巨星到达其生命尽头爆炸成为超新星。

超新星爆发释放出的能量会产生冲击波等。

毁灭与新生

新星与超新星的爆发是老年恒星末路时"最辉煌的表演"，这场"表演"会对原有恒星周围的环境产生巨大影响，最直接的影响就是会诞生无数颗新恒星。不仅如此，新星与超新星的爆发还会像宇宙大爆炸那样，为周围的天体提供重要的物质。可以说，老的恒星虽然死了，但是它的"意志"将永垂不朽。

超新星爆发瞬间产生的光可以超过整个星系内所有恒星的亮度总和。

另一个终点——中子星

中子星和白矮星一样，都是恒星死亡后的其中一种结局。早在1932年，苏联理论物理学家朗道就已经提出了"中子星"的概念。但是直到1967年，中子星中的脉冲星才终于被人类发现，宇宙中存在中子星的假想也被证实。

中子星的形成

中子星也是恒星的生命终点之一。根据科学家的计算，当老年恒星的质量为太阳质量的8至30倍时，它有可能最后变为一颗中子星；而质量小于8个太阳的恒星更可能变为白矮星。在超新星爆炸过程中，恒星将自身的物质抛洒在太空中，留下一个内核，这个内核经过演化变成了中子星。

所有的脉冲星都是中子星，但并非所有的中子星都是脉冲星。

▼ 中子星

中子星的密度

白矮星的特点就是密度大，但它还比不上中子星的密度。除黑洞外，密度最大的星体就是中子星。据测算，中子星内部结构的密度不低于 10^{11} 千克每立方厘米。这是个什么概念呢？试想一块1立方厘米大小的橡皮，如果它是由中子星内部的物质做成的，它的质量将可以高达1000亿千克！半径大约10千米的中子星的质量就可以与太阳的总质量相匹敌了。

中子星的结构

　　构成分子和凝聚态物质的基本单元是原子，而原子由原子核和核外电子组成。原子核是由质子和中子构成。一般认为中子星是主要由简并中子气组成的致密天体，所以称为中子星。在中子星的内部，中子星的引力把大部分自由电子压进原子核里，强迫它们与质子通过弱作用而结合成中子。从某个角度来说，中子星"仅仅是"另外一种原子核。目前，物理学家对中子星的结构了解甚少。

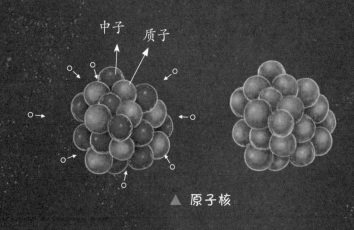

▲ 原子核

中子星与脉冲星

　　中子星虽然表面光亮，但是由于体积小、距离远，我们很难直接观测到它。好在它给我们留下了一些线索，那就是脉冲星。拥有极强磁场的中子星，可以通过快速自转发射束状无线电波（射电波）。每当这颗中子星发出的射电波束扫过地球时，就会接收到一个脉冲。这样快速自转的、具有强磁场的中子星就是可被发现的脉冲星。

脉冲星旋转得非常快，看起来就像在"闪烁"。

束状无线电波

脉冲星密度非常大，辐射力极强。

▶ 高速旋转的脉冲星

神秘的黑洞

黑洞是宇宙中非常神秘的天体，我们所熟知的物理学定律和所构建的时空观念在黑洞面前都将发生巨大的变化。所有的事物都不能从黑洞中逃脱，连光也不例外。

黑洞的形成

与白矮星、中子星一样，黑洞也是恒星末期的产物。但是，产生黑洞的恒星质量要更加巨大。恒星的质量越大，产生的中子星就越大。如果中子星的总质量超过太阳质量的3倍，那么所有物质将势不可当地向中心挤压，最终导致中子星大坍缩，形成一个体积无限小、密度无限大的点。当它的半径小到一定程度，就连光都无法从它身边逃逸。到这时，恒星就变成了黑洞。

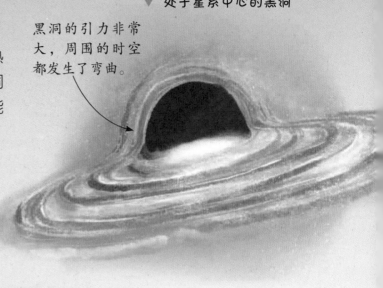

▼ 处于星系中心的黑洞

黑洞的引力非常大，周围的时空都发生了弯曲。

▼ 黑洞的引力巨大

黑洞可以吞噬所有靠近它们的物质。

几乎所有星系的中心都存在一个巨大的黑洞。

黑洞的隐身术

黑洞会隐身：你可以轻松地观察到黑洞背后的星空，却完全看不到黑洞。根据爱因斯坦的广义相对论，空间会在引力场的作用下弯曲。这时候，光虽然仍然走的是两点之间的最短距离，但走的已经不是直线，而是曲线了。所以从黑洞周围过来的光，一部分会掉入黑洞，另一部分会发生巨大的弯曲，绕着黑洞边缘过去，这样黑洞便从你的视线中逃走了。

黑洞并不是静止不动的，它们可以自转，也可以移动。

黑洞的引力连光线都无法逃逸。

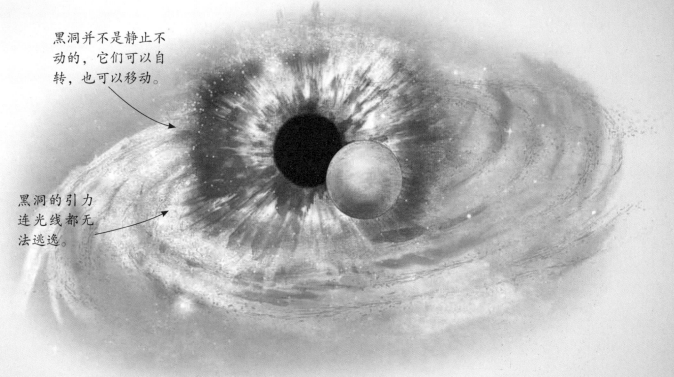

▲ 如同眼睛一般的黑洞

怎样观测黑洞

既然黑洞会隐身，那么我们该如何观测呢？科学家发现：黑洞强大的引力会对周围的天体产生影响。如果黑洞与一个亮星组成一对互相作用的双星系统，那么黑洞的引力会使亮星产生超常的运动。又因为黑洞会吞噬亮星的物质，这些物质由于加速和压缩，会产生10亿摄氏度的高温，以致在进入黑洞的视界之前，辐射出大量的X射线。这样，我们就能间接探测到黑洞了。

闪烁的变星

大多数恒星在亮度上几乎都是不变的，比如太阳，每一天都一如既往地明亮。但是在宇宙中，也有一部分恒星的亮度是随着时间的变化而改变的，这种恒星被称为"变星"。

食双星　　　脉动变星　　　爆发变星

变星的发现

最初，亚里士多德等古代先哲认为恒星的亮度是永恒不变的。但是在公元 1572 年和 1604 年，天文学家第谷和开普勒分别发现了超新星出现在天空中。1596 年，人们还发现鲸鱼座的一颗恒星会周期性消失，很明显，它的消失是由于光度的变化，导致有时候人肉眼看不到。这些发现都证明恒星的亮度并非永恒不变，宇宙中存在亮度可发生变化的恒星——变星。

变星的分类

按照光变的起源和特征，变星可以分为食变星、脉动变星和爆发变星这 3 大类。食变星也叫"食双星"，是一种双星系统，由于两颗恒星交互绕行，因此在观测者眼中其亮度是变化的。脉动变星光度的变化是因为自身的周期性膨胀和收缩，致使大小和亮度产生变化。爆发变星是指能突然爆发出辐射能的变星，它的亮度会由于突然爆发产生急剧变化，例如新星。

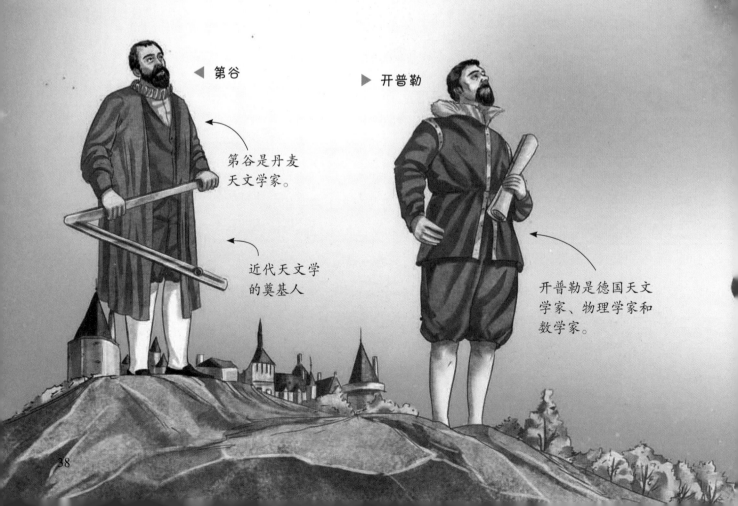

◀ 第谷

▶ 开普勒

第谷是丹麦天文学家。

近代天文学的奠基人

开普勒是德国天文学家、物理学家和数学家。

刍藁增二

刍藁（chú gǎo）增二是天上最亮的周期变星之一，它也是 1596 年被发现的鲸鱼座恒星 Mira。在周期内，刍藁增二的亮度变化十分惊人，有时肉眼就能看见，有时则只能通过天文望远镜才能观测到。身为一颗红巨星，刍藁增二的寿命即将走到尽头。

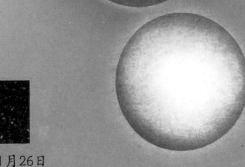

▲ 刍藁增二

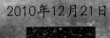

2010年12月21日

2010年12月30日

2011年1月26日

2010年12月17日

造父变星亮度变化

造父变星——"量天尺"

造父变星是一种很特殊的脉动变星，其亮度会随着时间的变化呈周期性改变。因此，天文学家可以根据造父变星的光度变化来确定星团、星系之间的距离。正因如此，造父变星也被称为"量天尺"。

双星记

许多恒星在宇宙中并不总是独自出现的，有的恒星喜欢成双成对。两颗恒星绕着同一个中心旋转，我们称之为"物理双星"。

▼ 双星

什么是物理双星

物理双星是一种联星系统，指的是两颗绕着共同的中心旋转的恒星，并且二者之间有引力作用。组成双星系统的两颗恒星被称为双星的子星，其中较亮的子星为主星，较暗的子星为伴星。

"假"双星

夜空中布满了闪亮的恒星，其中似乎有许多两两成对的恒星。它们看上去离得很近，应该是某个双星系统。但实际上，这样的两颗恒星在宇宙中的距离非常远，相互之间没有引力的牵引，彼此间也不相互旋转。这些视觉上像是双星的"假"双星，被我们称为"光学双星"。

光学双星被称为"视双星""假双星"。

▼ 光学双星

目视双星

双星有许多种类，其中通过望远镜就能观测到，并且人眼可以分辨出子星的双星被称为"目视双星"。一般来说，目视双星的子星相互绕转的周期都很长，大多数周期都超过 5 年，有的甚至可以达到上万年。有时，因为两颗子星距离太近了，我们目测时会将其错认为一颗单星，只有借助天文望远镜才能将其分辨出来。

天狼星B是一颗白矮星，质量比太阳稍大。

▲ 天狼星B

天狼星A是一颗体积比太阳大的恒星。

天狼星A

▲ 目视双星

天狼星

天狼星是有名的目视双星，也是全天除太阳以外最亮的恒星。它的主星是一颗十分明亮的蓝矮星，但因为主星太亮了，人们一直没能发现它的伴星。直到1862年，美国光学家克拉克用口径为47厘米的折射天文望远镜找到了它的伴星——一颗密度比太阳大、体积比地球小的白矮星。

密近双星

如果一颗子星能影响另一颗子星的演化，我们便将这样的物理双星系统称为"密近双星"。位于天琴座的渐台二就是典型的密近双星。它的两颗子星相互绕转的速度很快，约13天就能旋转一周。在这个过程中，渐台二的主星会不断抛出物质。这些物质的一部分会跑到伴星身边，形成围绕恒星的物质；另一部分会脱离双星系统，进入星际空间。

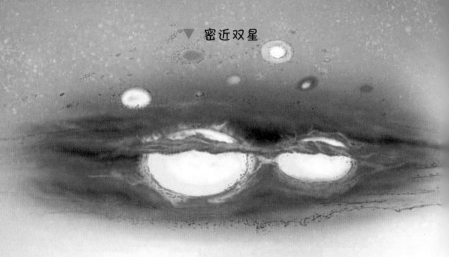

▼ 密近双星

密近双星的用途

从研究的角度来看，很多天文学家喜欢密近双星，因为他们有的能通过密近双星来找出恒星演化的线索，有的能根据子星相互作用的表现来研究恒星的结构、星周物质的特性等课题。密近双星中出现的变星、白矮星、中子星、X射线源等，也为我们了解这类天体提供了便利。

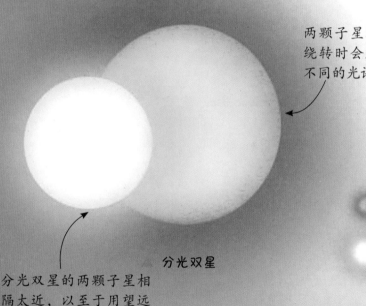

两颗子星相互绕转时会展现不同的光谱。

分光双星

分光双星的两颗子星相隔太近，以至于用望远镜一般也无法区分。

两颗恒星会交互通过对方。

▼ 食变星的周期变化

大陵五

大陵五也叫"英仙座 β 星"。在古代，大家都不知道什么是食变星，看到天上的大陵五每隔68小时50分钟就会变化一次明暗，便觉得这是魔鬼在作祟，因此将大陵五称为"魔眼"。我们在了解食变星是由双星两颗子星相互掩食而引起亮度变化的变星后便会知道，这只是大陵五的子星在正常运行而已。

▼ 大陵五食变星

大陵五处于英仙座中，俗称"恶魔之星"。

X 射线双星

能发出 X 射线辐射的双星自然就是 X 射线双星。这种双星系统如果质量很大，那么主星通常是致密的巨大恒星，伴星是中子星或黑洞；如果质量较小，那么主星通常是一颗中子星或黑洞，伴星可能是质量更小的白矮星。天文学家普遍认为：X 射线双星发出的 X 射线是中子星或黑洞在吸积物质的过程中产生的。

▲ X射线双星

天鹅座 X-1

天鹅座 X-1 是一个典型的高质量 X 射线双星，能发出很强的 X 射线。它的主星是一颗超巨星，伴星是一颗致密的星体。由于这颗致密星的质量至少为 6 个太阳质量，因此它被认为是一个黑洞。这个黑洞从主星吸积气体，发射出高能量 X 射线的同时也释放着伽马射线和巨大的热量。

▼ 天鹅座X-1

这个双星系统是由黑洞和另一颗蓝巨星组成的。

43

恒星集团——星团

在宇宙中，由数百颗甚至上千颗的恒星组成庞大的集团并不罕见。我们通常将恒星数量在10颗以上，并且这些恒星之间存在引力作用的星群称为"星团"。按照形态和成员的数量等特征，星团可以分为两大"分公司"：疏散星团和球状星团。接下来，我们将对这两种星团进行简要的介绍。

疏散星团由十几颗到几千颗恒星组成。

疏散星团

疏散星团中的密度不同。

疏散星团

疏散星团内含有十几颗到几千颗的恒星成员，由于结构松散，密度很低，因此我们用望远镜观测时能轻易将每颗成员星分辨出来。一般来说，疏散星团都很年轻，我们总能在恒星形成活跃的区域找到它的身影。目前已发现的疏散星团中，有的只有数百万年历史，这比地球上的一些古老岩石还年轻。

在银河系中，大约每1000年就会有一个新的疏散星团诞生。

用望远镜观测，在星团的中央部分恒星非常密集，不能将它们彼此分开。

球状星团呈球形或扁球形，成员星的平均质量比太阳略小。

球状星团

球状星团是星系内部最大的恒星集合，含有数万至数百万颗恒星，呈球对称致密结构，且越向中心越致密。球状星团的年龄十分古老，一般都大于100亿年，星团内的恒星通常具有大致相同的年龄。

▲ **球状星团**

鬼星团

鬼星团是一个典型的疏散星团，位于巨蟹座。按照中国古代对天体的划分，那里属于二十八星宿中的鬼宿，所以被叫作"鬼星团"。该星团由1000多颗成员星组成。天文观测显示：这些成员星在空间中有一致的行动方向，它们正在远离地球。这样的情况并非个例，因此天文学家将这类星团称为"移动星团"。

M44是距离地球最近的疏散星团之一。

▲ M44鬼星团

疏散星团的命运

在银河系中，疏散星团的分布位置决定了它的寿命：银河系的边缘分布着早期形成的星团；而由于银河系中心的潮汐力影响，星团的分裂加剧，所以中心部分的疏散星团寿命较短。疏散星团结构并不稳定，随着时间流逝，恒星们会渐渐分散开来；星团的成员们时常也会产生"摩擦"，恒星反复相撞造成了星团成员的减少。

恒星的碰撞

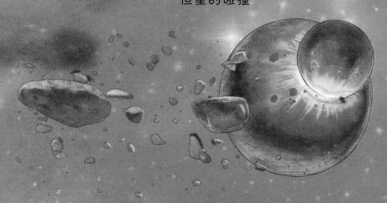

武仙座球状星团 M13

武仙座球状星团 M13 是北纬中部所能发现的最美的球状星团，拥有约 30 万颗恒星，直径约 175 光年。因为 M13 距离地球约 2.1 万光年，所以在晴朗无云的夜晚，人们用肉眼就能看到这个美丽的球状星团。

▼ 武仙座球状星团M13

球状星团 M3

球状星团 M3 位于猎犬座，由多达 50 万颗老年恒星构成。在已知的所有球状星团中，M3 拥有的变星数量是最多的，已发现 M3 的天琴 RR 型星近 200 颗。

M13是爱德蒙·哈雷在1714年发现的。

球状星团M3

球状星团的成员星都是贫金属恒星。

星云不断坍缩，中心密度急剧升高。

星云坍缩成恒星的过程是十分漫长的。

▲ 星云坍缩成恒星

星云

宇宙空间中存在着星际物质。当大量的尘埃、氢气、氦气等星际物质聚集在一起时，形成非恒星的天体，那就是星云。如云似雾、多姿多彩的星云让浩瀚的宇宙增添了许多梦幻的色彩。

星云的分类

即使看起来都像云雾，但星云之间还是有微妙的差别的。当构成星云的星际物质在引力作用下分布不均匀时，形成的星云就会有所不同。按照星云的发光性质，可以将银河星云分为亮星云和暗星云，而亮星云又可以分为发射星云和反射星云。按照形状、大小和物理性质，银河星云又可以分为弥漫星云、行星状星云、超新星剩余物质云。

▼ 各种各样的星云

一个星系中包含许多星云。

▲ 星系

星云的发现

最早观测并记录星云的是法国天文学家梅西耶。1758 年，梅西耶在观察彗星时，发现了一个彗星状的光斑。它既不像恒星，也不是彗星，梅西耶十分好奇它到底是什么，便将它记录了下来。随后的十几年间，梅西耶陆续又发现了很多这样的天体，这些发现同时引起了天文学家赫歇尔的注意。经过长期观察，赫歇尔将这些形似云雾的天体命名为"星云"。

星云与恒星

根据理论推算，当星云的密度达到一定程度，它会在引力的作用下收缩，最终聚集成团。星云中存在大量的氢与氦，这与恒星的基本物质很吻合，因此星云的收缩会形成恒星。已形成的恒星会向星际空间抛射大量物质，这些物质会成为星云的一部分。所以在一定条件下，星云与恒星可以互相转化。

星云与星系

在早先时候，由于望远镜的分辨率不高，人们把看起来像雾一样的河外星系和星团也叫作"星云"，比如大、小麦哲伦云。但事实上，星云和星系之间存在着本质差别：星系是由无数的恒星、宇宙尘埃等组成的天体系统，例如我们的银河系；而星云是由气体和尘埃组成的天体。

亮星云与暗星云

星云是由星际物质组成的，而星际物质本身是不发光的，那么为什么还会有亮星云和暗星云之分呢？天文学家经过不懈的研究，终于发现亮星云也不是自己会发光，而是"借"了别的天体的光。

发射星云

发射星云是亮星云中的一种，在它的中心或附近总有一颗或几颗非常明亮的高温恒星。由于恒星会发出紫外线，而大部分发射星云的物质90%是氢，其余的部分则是氦、氧、氮和其他元素，因此发射星云会在恒星的紫外辐射作用下被激发，从而呈现红色、蓝色或绿色的光辉。

氢原子复合的过程会发出可见光，使发射星云发光。

▲ 发射星云

反射星云

另一种亮星云是反射星云，它的附近也有恒星，只是那些恒星虽然够亮，但不够热。而组成反射星云的尘埃能反射或散射恒星的光。尘埃颗粒很小，对蓝光的散射效率高，因此反射星云一般呈现淡淡的蓝光。NGC1432 就是一个著名的反射星云，同时也是一个活跃的恒星形成区域。

如同一只张开翅膀的天鹅。

▲ S106

位于天鹅座。

▼ 暗星云

暗星云内部的物质
密度相差悬殊。

暗星云

　　我们现在知道：亮星云之所以能发光，是因为周围有恒星。但如果星云附近没有恒星呢？又或者星云的密度足以遮盖它背后的恒星呢？这就导致暗星云的出现。虽然暗星云不发光，但我们依旧有办法看到它们。就像有时我们在夜晚可以看到天空中的黑云，暗星云周围明亮的背景会表明它的存在。

马头星云

　　马头星云虽然是暗星云，却是最容易辨认的暗星云。它是由一片极大的黑暗分子云的一部分组成的，星云后面的红光映照出了它的阴影。通过望远镜从地球上观测，它的形状很像一个昂首挺胸、倨傲不羁的马的头颅，因此才有了"马头星云"这个名字。

马头星云位
于猎户座。

▼ 马头星云

马头星云本身是一
团致密的气体和尘
埃云。

49

第三章 我们所在的银河系

在晴朗的夜晚，如果你抬头看天，你会看到天空中有一条白茫茫的由星星等物质组成的"天河"，这就是银河。我们很多人都因为牛郎织女的故事而知道了这条天上的银河。银河的名字有很多，比如星河、银汉等。那么银河究竟是什么？跟银河系又有什么关系呢？

按光度给星系分类

在天文学中，我们把包含恒星、宇宙尘埃和气体、暗物质等，并受到引力束缚的天体系统称为"星系"。如果把宇宙比作一片没有尽头的汪洋，那么星系就如同汪洋中星罗棋布的岛屿。这样的岛屿有上亿个，也许还不止，毕竟宇宙太庞大了。我们所在的银河系就是其中非常普通的一个。

星系核

星系晕

星系盘

美丽的星系

浩瀚的宇宙从来不缺美丽的天体，而星系无疑是其中最亮丽的存在。数量可观的恒星、宇宙尘埃和气体、暗物质等一起组成了这个庞大的天体系统，其结构由内向外分别是星系核、星系盘、星系晕和星系冕。

▲ 星系的吞并

矮星系

在所有星系中，矮星系是光度最弱的一类。虽然矮星系的光芒比不上大的星系，但数量远远超过了普通亮度的星系。可以说，矮星系是构成宇宙的基本单位。据估计，大约有 100 多个矮星系在绕银河系运动，但可能是因为矮星系太暗了，人们至今只发现了 20 个。

暗星系

　　矮星系仅仅是光度弱，而暗星系可能根本看不到。天文学家认为：暗星系里面包含的恒星很少，甚至可能根本没有恒星，只含有一些不可见的奇异物质。此外，宇宙中应当还存在完全由暗物质形成的暗星系。在离地球约3.2亿光年外的后发座星系团中，有一个名为"蜻蜓44"的暗星系。"蜻蜓44"的跨度与银河系相当，但它几乎没有恒星，几乎全由暗物质组成，恒星数目只有银河系的1%。

▲ 暗星系

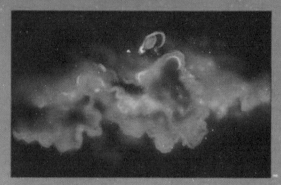

▲ 蜻蜓44

星系通过不断碰撞、融合、吞并形成更大的星系。

▼ 星系的碰撞

小星系可能完全被吞噬。

星系的碰撞

　　每个星系都像一座漂浮的岛屿，处于不断的运动中。当两个运动的星系逐渐靠近时，极有可能发生碰撞。碰撞的结果可能是令星系损失一些外部的恒星，或者是两个星系合并成一个更大、更亮的星系。据天文学家观测，距离银河系约200万光年的仙女座星系目前正在逐步向我们逼近。大约在40亿年之后，银河系就会和仙女座星系发生碰撞。

星系之间所谓的碰撞并非真的有碰撞发生，而是出现引力扰动。

旋涡星系是观测到的数量最多的一种星系。

旋涡星系

按形状给星系分类

星系是一种巨大的天体运行系统，由恒星、宇宙尘埃和气体、暗物质等组成。运用哈勃星系分类法，我们可以粗略地将星系划分为椭圆星系、旋涡星系和不规则星系3大类。后来又进一步细分为椭圆星系、旋涡星系、棒旋星系、透镜星系和不规则星系5种类型。

旋涡星系

美丽的旋涡星系从正面看很像水中的旋涡，但从侧面看却像织布的梭子。有的旋涡星系有着较圆的核心，核心外的圆盘有两条或几条旋臂，大量的蓝巨星、疏散星团和气体星云都位于旋臂中。仙女座星系 M31 就是我们常见的一个旋涡星系，在晴朗无云的夜晚抬头望天，就能看到它像一层云似的隐隐约约地飘在空中。

椭圆星系

椭圆星系，顾名思义，是外形近似于椭圆形的星系，不过有的也呈正圆形。椭圆星系的中心通常明亮，边缘渐渐变暗。这是因为中心聚集了许多年老的恒星在散发光辉。也是因为如此，椭圆星系有一个"老人国"星系的外号。

椭圆星系内部很多都是一些年老的、质量较小的恒星。

椭圆星系中没有什么气体。

椭圆星系

棒旋星系

棒旋星系

棒旋星系的中间聚集着许多恒星，这些恒星组成了短棒状的结构，旋臂从棒的两端延伸出来，所以它才被称为"棒旋星系"。我们居住的太阳系所在的银河系就是一个棒旋星系。对于整个银河系来说，太阳系只是它旋臂上的一个不起眼的小点儿。

透镜星系与不规则星系

透镜星系是介于椭圆星系和旋涡星系之间的星系，由于没有可以明确定义的旋臂，所以在正面观测时，很难将它与椭圆星系区分开。与透镜星系相比，不规则星系不但没有明确的旋臂，还没有明显的核心，甚至没有盘状对称结构，更看不出其旋转有何对称规律。许多不规则星系曾经也是旋涡星系或椭圆星系，只是因为受到引力作用的破坏，才变成了不规则的样子。

▼ 不规则星系

在全天的亮星系中,不规则星系只占5%。

不规则星系外观不规则。

银河系研究简史

从粗浅的猜测到最后的熟悉，人类对银河系的探索已经持续了几百年。最初，人们只是对星空进行各种各样的猜想。之后，随着观测记录的积累和天文技术的发展，人类逐渐揭开了银河系的神秘面纱。

银盘主要由巨大的旋臂组成。

银河系的观测

对银河系的观测离不开望远镜的发明。17 世纪初，伽利略首先用自己发明的望远镜对准了天上的银河，然后发现它其实是由无数闪耀的恒星构成的。1750 年，英国天文学家赖特正式提出宇宙中的所有恒星都被夹在两层球壳间的球层内，他认为银河是恒星构成的巨大圆盘。

托马斯·赖特

▼ 威廉·赫歇尔

赫歇尔的发现

最先实际探测银河系结构的人是英国天文学家威廉·赫歇尔。他用自制的望远镜系统性地观测星空，历时 19 年，先后发现了天王星的两颗卫星和土星的两颗卫星。赫歇尔将自己的观测与若干理论相结合，初步确立了银河系的结构。这是探索银河系历史上飞跃性的进步，但仍存在错误，因为他认为太阳位于银河系的中心。

赫歇尔被称为"恒星天文学之父"。

▼ 银河系

银河系是棒旋星系。

银心

卡普坦曾在荷兰莱顿大学天文台工作。

银河系边缘也存在着大质量恒星。

卡普坦的发现

20 世纪初，荷兰天文学家卡普坦重新对恒星进行了观测，并构建了自己的银河系模型——卡普坦宇宙。在他的模型中，银河系主体呈盘状结构，直径约 5.5 万光年，厚度约 1.1 万光年，包含了 474 亿颗恒星。太阳位于靠近盘中心的位置上，距离中心约 2000 光年。尽管卡普坦已经意识到太阳到银河系的中心仍有相当大的距离，但他并没有明确地反对赫歇尔的观点。

▲ 卡普坦

沙普利的发现

1918 年，美国天文学家沙普利对大约 100 个球状星团的空间分布进行了研究。他发现：这些球状星团的 90% 以上位于人马座为中心的半个天球上。根据这一现象，沙普利推测太阳并不在银河系的中心，而是处于靠近银河系边缘的位置，并测定太阳距离银河系中心约 5 万光年。这一结论为人类深入研究银河系结构奠定了基础。

▶ 沙普利

银河系概述

如果能够俯视银河系，你会看到它就像一个发着光的美丽的旋涡。这个旋涡有几条炫目的旋臂，地球所在的太阳系就位于其中。与银河系相比，太阳系就像旋涡中一滴微不足道的水珠一样，而银河系这片旋涡还在不断吞噬周围的矮星系，变得愈加壮大。

本星系群中，银河系处于中心位置。

▲ 本星系群

银河，年方几何？

根据欧洲南天天文台的研究，估计银河系的年龄约为 136 亿岁，与宇宙差不多一样老了。就算这个年龄有误差，银河系的年龄也不会低于 128 亿岁。平时，我们能在晴朗无云的夜空中看到被叫作"银河"的明亮光带。许多人误以为那就是银河系，实际上，银河只是银河系在天球上的一部分投影而已。

小百科

天球是一个以观测者为中心的、半径任意长的假想圆球。天上的星辰之所以看起来又远又渺小，是因为它们只是宇宙中庞大的天体在天球上的投影而已。

从中心向外延伸形成了旋臂。

银河系主要由银核、银盘、银晕、银冕、银河系旋臂族组成。

▲ 飞盘一样的银河系

太阳系位于银河系的猎户座旋臂上。

银河系的直径大约有 10 万光年，总质量达到太阳的 1.5 万亿倍。

银河系的运动

银河系由气体、尘埃和恒星组成，所有的气体、尘埃和恒星都在围绕着银河系的核心旋转。据测算，太阳系围绕银河系转动的速度约为 250 千米 / 秒，大约每 2.5 亿年才能转完一圈。除此之外，银河系也在宇宙空间中运动着。通过对河外星系的观察，我们发现银河系在以 211 千米 / 秒的速度朝着麒麟座方向运动，就像一个旋转的飞盘。

银河系的位置

如果有宇宙的地图 App，我们就可以将银河系的位置缩小，看到仙女座星系、三角座星系等河外星系。再将地图缩小，我们就会发现银河系和上述河外星系都位于同一个星系群中。这个名为"本星系群"的星系群约有 50 个星系，银河系位于其中靠中心的位置。再继续缩小的话，我们就会看到本星系群是室女座超星系团中的一分子。

▲ 太阳系

银河系黑洞

许多天文学家认为：位于银河系中心处的人马座 A★ 很可能是一个超大质量的黑洞，而银河系或许还不止这一个黑洞。这个猜测存在两个问题：其一，如果人马座 A★ 是黑洞，那么为什么它的周围有许多年轻的恒星？其二，为什么人马座 A★ 黑洞附近的恒星运行轨迹非常混乱？科学家对这些问题都给出了解释，但遗憾的是：在找到证据之前，我们无法轻易下定论。

小百科

人马座 A★ 位于银河系银心，是无线电波源人马座 A 的一部分。它致密且光亮，但因为宇宙尘埃的遮挡，所以无法被直接观测到。

人马座A★

X射线耀斑

银河系的结构

1785 年，英国天文学家赫歇尔通过确定天体的位置关系，得出了银河系为扁盘状的结论。从那时起，随着观测研究的深入，人们逐步将银河系的结构描绘了出来。到今天，我们对银河系的结构已经有了较为清晰的认识：中间是银核，由银核向外分别是银盘、银晕和银冕。

银核

银核是直径大约为2万光年的很亮的球状体。

整个银河系就像一个大飞碟，飞碟中间隆起的球状部分叫作"核球"，核球中心的小致密区就是银核。构成银核区域的主要是高密度的恒星和星际物质，其中最重要的是许多年纪在 100 亿岁以上的老年恒星。这里的活动十分强烈，会发出很强的射电辐射和红外辐射以及 X 射线。

银盘

银盘是银河系的主要组成部分，由恒星、尘埃和气体组成。

银核外的盘面就是银盘，是银河系物质的主要组成部分。它以轴对称的形式分布在银核周围。银盘的外表看起来就像薄薄的透镜，从中分出了多条旋臂。气体、尘埃等星际物质以及各种各样的恒星大都集中在银盘。

银晕

银晕位于银河系外围，围绕着银盘分布。

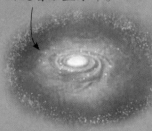

银晕是银盘外围的球状区域，密度很低。其主要成员是由少量恒星构成的球状星团、稀薄的星际物质以及来自银盘内由超新星爆发或恒星风产生的电离氢气体组成。

银冕中没有恒星分布。

银冕

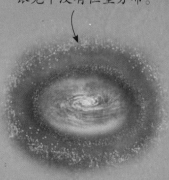

银冕位于银晕之外，大致呈球形，是一个大射电辐射区域。构成银冕的成分主要是高热、游离的气体。当这些气体冷却时，它们将受到引力的作用而被吸进银盘中。

银河系

银晕

旋臂

银核

小百科

2018 年 4 月，美国发布了银河系定位系统，它可以定位和导航范围直径达到 10 万光年。这套系统被称为"太空指南针"，可以为离开太阳系的宇航员们提供定位和导航服务。

银河系的旋臂

作为一个棒旋星系，银河系有多条旋臂，例如英仙臂、猎户臂、人马－船底臂和三千秒差距旋臂等。地球所在的太阳系位于猎户座旋臂上。这些旋臂让银河系看起来像水中的旋涡。

英仙臂

从地球上观测英仙臂，其位置似乎位于英仙座，所以才叫这个名字。这条旋臂在银河系的外围区域，由星云和一些年轻恒星共同组成。

猎户臂

猎户臂也叫"本地臂"，只是一条小旋臂，位于人马臂和英仙臂之间，靠近猎户座。在这条旋臂上，除了我们的太阳系，还有许多疏散星团、星云等天体。

人马－船底臂

看名字就知道，人马－船底臂主要包括两个部分：由银河中心向外弯曲的部分是人马臂，人马臂再向外延伸的部分是船底臂。

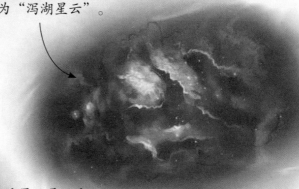

礁湖星云也可以称为"泻湖星云"。

▲ 人马·船底臂的礁湖星云

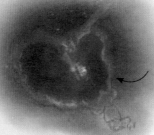

心脏星云是天文学家威廉·赫歇尔发现的。

▲ 银河系英仙臂的心脏星云

▲ 猎户座旋臂上的太阳系

▶ 银河系

盾牌－半人马臂

短尺臂

远三千秒差距

人马臂

英仙臂

外臂

三千秒差距臂

三千秒差距臂是一条不断向外膨胀的旋臂，膨胀的速度大约是每秒 53 千米。

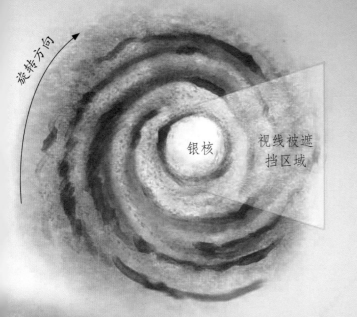

旋转方向

银核

视线被遮挡区域

由于引力作用，银河系内的所有物质都在围绕银心转动着。

银核

人马—船底臂

差距臂

地臂

旋臂的形成原因

宇宙虽然宽广，但有时又似乎不那么宽广。当两个有星系核的星系狭路相逢时，它们会互相纠缠绕转，形成一个质量更大的高速旋转的星系核。这个星系核就像一个强力的发电机，从两极喷射出高能粒子流，我们称之为"两极喷流星系核"。当其中一个星系核的能量由大变小时，它会形成喷流带。当星系核的磁轴绕着星系的自转轴旋转时，喷流带的轨迹就会弯曲，继而演变成旋臂。

▼ 两极喷射高能粒子流

银河系的年龄

确定银河系的年龄对天文学十分重要。知道了银河系多大年龄，我们就能验证很多天文学理论的正确性，例如大爆炸宇宙论、星系的演化等。但银河系又不像人有出生日期，想要计算它的年龄，可真不是件容易的事。目前我们估算的银河系年龄约为136亿岁，这个数字是怎么计算出来的呢？

核纪年法

根据大爆炸宇宙论，所有的物质都是在大爆炸后产生的。如果我们能测定大爆炸初期产生的物质的年龄，就可以测定银河系乃至宇宙的年龄。某些原子核不稳定的元素可以放射出射线，放射的同时原子核发生衰变。当某种长寿的放射性物质有一半原子核发生衰变时，衰变所用的时间可以帮助我们计算出该物质的年龄，继而推算出银河系最古老恒星的年龄，最后测定银河系的年龄。这种测定方法被称为"核纪年法"。

▼ 天文学家测定银河系的年龄

偏差

用核纪年法来测算银河系的年龄可能会存在一些偏差，因为我们测定的恒星并不一定是银河系中最古老的恒星。根据星系演化的规律，银河系中的第一代恒星质量非常大，恒星内部核聚变反应十分迅速，可能仅存在了短短几百万年便消亡了。但因为这个存在时间太短了，基本上可以忽略不计，所以我们用目前银河系中最古老的恒星推算得出的结果，应该与银河系的真实年龄基本相当。

球状星团

想知道哪颗恒星是银河系里最古老的，我们可以去球状星团中寻找。球状星团内有几万颗到几千万颗以上的恒星，越靠近中心位置，恒星分布得越密集。并且，球状星团内部的恒星不管是运动方向还是运动速度都大致相同，极有可能是同一时期产生的。因此，天文学家认为它们是银河系最早形成的一批恒星。

球状星团

▶ 大红色星团

▶ 粉色星团

"贪吃"的银河系

银河系处于不断的运动中，并且它越运动，就变得越"胖"。这可不是因为银河系偷懒，而是它在运动的同时还在"偷吃"周围的小星系。你看，银河系边缘的恒星流就是它留下的"食物残渣"。

NGC474是一个巨大的透镜状星系。

NGC474周围环绕着未知的潮汐尾巴和贝壳状结构。 ▲ NGC 474星系

▼ 银河系吞噬星系

银河系在形成过程中曾吞噬过多个小型星系。

小星系被撕扯吞噬。

在几十亿年后，银河系可能与仙女座星系合并。

矮星系的消失

银河系的"贪吃"导致了矮星系的消失。据演算，在宇宙诞生初期，银河系周围产生了大量的矮星系。但是现在我们能找到的矮星系少之又少，这令人十分费解。在恒星流被发现后，天文学家意识到：矮星系之所以如此稀少，是因为有许多矮星系早已被银河系吞噬并且消化了，要想找到它们，就只能在银河系内部下功夫了。

矮星系是宇宙中的主要星系。

▲ 矮星系

▶ 恒星流

恒星流的形成

对银河系来说，游荡在自己周边的小星系是很容易捕获的猎物。一旦小星系靠近银河系，就会在强大的引力潮汐的影响下逐渐被扭曲、瓦解。小星系内的恒星会被银河系拖走，并在过程中被拉成纤细而壮观的星流。

潮汐引力

恒星流之所以能形成，潮汐引力在其中起了很大的作用。潮汐引力即天体引潮力，在天体间普遍存在。地球上海洋的潮起潮落就是由月球的引潮力产生的。因为月球的引潮力没有那么大，所以不会撕裂地球，但可以令海面隆起。

地球

引力

月球

▲ 地球对月球的引力

人马座恒星流

在人马座方向，有一串形如珍珠项链的恒星流环绕在银河系周围，其跨度超过 100 万光年，里面包含了大约 1 亿颗恒星。这些恒星排着长队，浩浩荡荡地从人马座矮椭圆星系奔向银河系，最终在外围安家，成为银河系的一员。由于人马座矮椭圆星系要比银河系小很多，所以并不能阻止银河系对它的吞噬。

银河系的"邻居"

大麦哲伦云与小麦哲伦云是银河系的两个"邻居"，你可以把它们统称为"麦哲伦云"。需要注意的是：虽然它们的名字叫"麦哲伦云"，但它们并不是真正的云，而是像云一样的不规则星系。

如何看见麦哲伦云？

大麦哲伦云距离地球大约 16 万光年，小麦哲伦云距离地球大约 19 万光年。这样的距离已经算是非常近了，因此人们一抬头就能看到这两个奇妙的星系。不过遗憾的是：由于麦哲伦云都投影在南半天球上，因此只有南半球的人可以一年四季都清晰地看到它们，而北半球的大部分地区看不到麦哲伦云。

▲ 大麦哲伦云和小麦哲伦云

以麦哲伦之名

阿拉伯人早在 10 世纪于赤道以南的海上航行时，就注意到了星空中这两个如云雾般的天体，并将其称为"好望角云"。1521 年，麦哲伦进行环球航行时也看到了这两个天体，并对其进行了精准的观测和翔实的描述。人们为了纪念麦哲伦，便以他的名字命名这一大一小两个星系。

◀ 麦哲伦船队

麦哲伦船队完成了人类首次环球航行。

大麦哲伦云
距离地球约
16万光年。

▲ 太麦哲伦云图像

麦哲伦云的过去

许多天文学家一直在对麦哲伦云的过去进行推测，他们认为大麦哲伦云和小麦哲伦云可能都曾是棒旋星系。后来，由于受到银河系的重力影响，它们才变成了不规则星系。这并不是毫无依据的猜测，因为两个麦哲伦云的核心有着棒旋星系才有的短棒结构。

麦哲伦流

大麦哲伦云与小麦哲伦云被包围在一个巨大的冷中性氢云中，从中伸出一细长的物质条指向银河系，称为"麦哲伦流"。

银河系偷偷地
从麦哲伦云中
取走气体。

银河系

麦哲伦星流主要
由氢气组成。

▲ 麦哲伦流

大麦哲伦云

　　大麦哲伦云横跨剑鱼座与山案座两个星座，包含约100亿颗恒星和丰富的星际物质。从地面上看，它就像是有着华丽光彩的明亮云雾。由于距离银河系很近，所以大麦哲伦云受到银河系引潮力的作用，一直在向银河系"投喂"恒星和星际物质，由此形成了麦哲伦星流。要注意的是：麦哲伦流和麦哲伦星流不一样，一定不要混淆。

大麦哲伦云是本星系群中著名的河外星系之一，属矮星系。

超级气泡

　　据天文学家观测，在大麦哲伦云中有一个超级气泡，实际上是被超新星爆发产生的冲击波和新恒星产生的恒星风充满的巨大空洞。因为形状像气泡，所以又被称为"超级气泡"。大麦哲伦云的超级气泡异常鲜艳明亮，其中蓝色的光芒是由年轻恒星发出的，粉色的光芒则是由氢原子形成的。

▼ 观测者们用肉眼观测麦哲伦云

天文望远镜

▼ 夜空中出现在赤道以南的麦哲伦云

小麦哲伦云是个矮星系、不规则星系。

小麦哲伦云是最早被确认为河外星系的近邻星系。

▲ 麦哲伦星流

麦哲伦星流由大小麦哲伦云剥离的气体组成。

▶ 小麦哲伦云

小麦哲伦云

小麦哲伦云是一个矮星系，它比大麦哲伦云小，且距离银河系较远。虽然它也拥有上亿颗恒星，但光度始终不及大麦哲伦云。从地面上直接观测的话，仅能看到一个模糊的光斑，并且要在十分黑暗的环境下才能看清楚。

河外星系

位于银河系以外的星系被称为"河外星系"，包括麦哲伦云。在结构上，河外星系与银河系没什么差别，都是由恒星、星团、星际物质等构成的。但由于距离遥远，我们在观测河外星系时只能看到一点模糊的光。现在，让我们透过模糊的光点，去看一些著名河外星系的"真实面貌"吧！

在没有光污染的晴朗夜空，肉眼有可能看到仙女星系。

▲ 仙女星系

本星系群最大的星系——仙女星系

仙女星系位于仙女座，只要看到它那巨大的星系盘，你就会知道至少在本星系群内再找不出比它更大的星系了。从外表上看，仙女星系和银河系很像，它是距离银河系最近的大星系，并且以后可能会越来越近。据天文学家观测，仙女星系正在以大约 300 千米 / 秒的速度奔向银河系，大约在 40 亿年后，两个星系会撞在一起，并形成一个新的椭圆星系。

墨西哥草帽——草帽星系

草帽星系也叫"墨西哥草帽星系"，因为它的外形看起来就像墨西哥特有的宽边大草帽，其"帽檐"实际是核心向外散开的尘埃环。天文学家认为：草帽星系有一个超大的核心，核心能发出很强的辐射，因此可能存在一个超大质量黑洞。

草帽星系位于室女座。

草帽星系又叫"阔边帽星系"。

▲ 草帽星系

一个富含金属的恒星扩展光环

魔幻之眼——黑眼星系

黑眼星系有一个明亮的核心，核心前横亘着一条壮观的黑暗尘埃云带，使整个星系看起来很像恶魔的眼睛。黑眼星系有一点十分特别，那就是星系内的大多数恒星都是朝一个方向运行的，但星系外围的星际气体却是朝内部区域气体相反的方向旋转的。天文学家认为：黑眼星系曾经吸收了一个与之相撞的卫星星系，因此产生了这种反向冲击的星系气体。

1779年，英国天文学家爱德华·皮戈特发现了黑眼星系。

▲ 黑眼星系

特别的环星系——哈氏天体

哈氏天体位于距离地球约 6 亿光年的巨蛇座星系内，是一个很特别的环状星系。它外围的环状物由蓝色恒星组成，中心的圆球则主要可能是由老年的红色恒星组成，二者中间由一道黑暗的裂缝隔开。之所以说它特别，是因为观测哈氏天体的裂缝时，会看到另一个更遥远的环状星系。

哈氏天体

哈氏天体拥有一个几乎完美的环状结构。